LE SOCIALISME A LA PORTÉE DE TOUS

JEAN-LORRIS

Les Vérités de Pierre Mathurin

(I)

OUVRIER ET PAYSAN

PRIX : 15 centimes

Édition de l'IMPRIMERIE OUVRIÈRE de Vendôme

1908

LE SOCIALISME A LA PORTÉE DE TOUS

Les Vérités de Pierre Mathurin

EN PUBLICATION :

I. **Ouvrier et Paysan,** brochure de 36 pages.

POUR PARAITRE A LA SUITE :

II. **Vers le Socialisme.**
III. **Le Collectivisme.**
IV. **Au lendemain de la Révolution.**
V. **Le Syndicat.**
VI. **La Coopération.**
VII. **L'Éducation du Prolétariat.**
VIII. **Le Parti Socialiste.**
IX. **L'Internationalisme.**
X. **Un Village socialiste.**

PRIX DE VENTE (*franco*)

Brochures de 24 pages		Brochures de 36 pages		Brochures de 48 pages	
L'exempl^{re} .	» 15	L'exempl^{re} .	» 20	L'exempl^{re} .	» 25
25 ex. . . .	2 50	25 ex. . . .	3 25	25 ex. . .	4 25
50 ex. . . .	4 50	50 ex. . . .	6 »	50 ex. . .	8 »
100 ex. . . .	8 »	100 ex. . . .	11 »	100 ex. . .	15 »
500 ex. . . .	35 »	500 ex. . . .	50 »	500 ex. . .	70 »
1000 ex. . . .	60 »	1000 ex. . . .	90 »	1000 ex. . .	130 »

Adresser les commandes, accompagnées du montant, au Directeur de l'*Imprimerie Ouvrière* de Vendôme (Loir-et-Cher).

AUX MILITANTS

Vous souvenez-vous des livres de lecture que, étant enfants, nous feuilletions sur les bancs de l'école primaire ?

Il en est un qui m'impressionna plus particulièrement et que je me remémore bien souvent — vous verrez tout à l'heure par quelle association d'idées — lorsque je fais de la propagande socialiste.

Cela s'appelait, je crois, « le Tour de France ». Pour nous apprendre la géographie historique et économique de notre pays, au lieu de se borner à une sèche et insipide nomenclature qui nous aurait certainement fort ennuyés et dont nous nous serions bien gardés de retenir un traître mot, l'auteur nous contait les aventures de deux gamins à travers la France, et nous promenant par la pensée avec ces bambins, dans toutes les villes où nous passions, nous nous intéressions à la fois au passé glorieux ou douloureux, évoqué par les vieux monuments et à la vie moderne dans la manifestation de son activité commerciale ; avec eux, nous notions au passage les productions industrielles ou agricoles de chaque région ; avec eux, en un mot, nous vivions l'histoire et le présent de la nation.

C'est cette méthode pédagogique, employée d'ailleurs dans nombre d'autres livres scolaires, qu'il m'a paru utile d'appliquer à la diffusion de l'Idée socialiste.

Il est indispensable que tous les travailleurs puissent connaître ce que veut le Parti socialiste, le but qu'il se propose et les moyens qu'il prétend employer pour arriver à ce but. Il faut donc *mettre le socialisme à la portée de tous et le rendre intelligible aux bambins même qui sortent de l'école.*

Cette ambition, je l'ai conçue.

Dans une série de dix brochures que j'ai l'intention de publier, j'ai présenté tout l'essentiel de notre doctrine, aussi clairement que possible, et en essayant de retenir l'attention du lecteur, tantôt par des controverses où se trouvent posées toutes les objections que formulent ceux qui nous combattent et ceux qui nous ignorent, tantôt par des excursions dans la vie des groupes socialistes, des syndicats, des coopératives.

Ce n'est pas l'auteur qui parle, ce sont ceux que vous coudoyez chaque jour : votre camarade d'atelier, aigri par la souffrance et qui ne croit plus à rien, l'épicier du coin dont l'horizon s'arrête à la porte de la boutique dans laquelle il végète, le vieux paysan courbé par les ans et par le dur labeur et un tantinet routinier, votre compagne avec ses préventions contre toute cotisation à un groupe ou à un syndicat prélevée sur le maigre budget familial, tous ceux en un mot qui croient que « ça a toujours été comme ça » et que « ça sera toujours comme ça », et tous ceux aussi qui, jeunes et vibrants d'espoirs, réconfortent les résignés de leur foi ardente en l'avenir socialiste. Les uns et les autres discutent vivement, passionnément, et il leur faut mieux que des phrases et des théories pour les convaincre : il leur faut des exemples et des faits précis. Nous leur en fournissons autant qu'ils en peuvent désirer.

Nous n'expliquons pas longuement au lecteur ce que c'est qu'un syndicat, un groupe socialiste, une coopérative : nous mettons successivement ces différentes organisations sous ses yeux. Avec nous, il pénètre dans une Bourse du Travail, il en visite les différents services, se rend compte, *de visu* pourrait-on dire, du rôle et de l'utilité de tous les rouages de l'organisation confédérale ouvrière. Il assiste à la réunion d'un groupe socialiste, les questions qui y sont agitées lui font comprendre le but et la méthode d'action de notre Parti, et ainsi il entrevoit le lien de solidarité qui le fait le compagnon de lutte de tous les travailleurs de l'Internationale. De même encore, nous lui montrons, dans le vif de leurs détails d'organisation et de fonctionnement, une coopérative commerciale, une coopérative agricole, une coopérative industrielle.

Chaque brochure forme un *tout* distinct, traitant *complètement* le sujet spécial indiqué par son titre. L'ensemble constituera, du moins je l'espère, un exposé méthodique et clair de la doctrine socialiste.

Ce n'est donc pas d'un roman qu'il s'agit. Les personnages mis en scène n'évoluent que pour les besoins de la cause. Ce ne sont cependant pas des personnages fictifs, puisque je me suis efforcé de les emprunter à la réalité et que vous pouvez les rencontrer chaque jour, et que d'autre part ils parlent et agissent dans le cadre ordinaire de la vie ouvrière et paysanne.

J'ajoute — est-ce bien nécessaire ! — que je n'ai nullement eu l'intention de faire œuvre littéraire, et encore bien moins d'apporter sur la doctrine socialiste des aperçus nouveaux et originaux.

La méthode de vulgarisation seule est nouvelle, ou plus exactement c'est la première fois qu'elle sera appliquée au socialisme.

Les militants diront ce qu'ils pensent de cette méthode pédagogique. C'est de leur avis que dépend le sort du « Socialisme à la portée de tous ».

Jean LORRIS.

OUVRIER ET PAYSAN

I

La Veillée chez le père Mathurin

Les époux Mathurin, entourés de leurs amis et voisins, fêtent le retour de leur fils, Pierre, qui, après avoir travaillé à la ville, revient au village, cultiver le bien paternel.

Il y avait foule, ce soir-là, à la veillée du père Mathurin.

Simon, le cordonnier, Renard, l'épicier, M. Martin, le maître d'école, Louis, Georges et Gustave, vignerons du voisinage, Jean-Pierre, le bûcheron, et d'autres sans doute que j'oublie, étaient assis autour de la grande table et faisaient fête au bon picolo que leur versait à larges rasades leur hôte, un vieux paysan, solide et vert encore, dont la figure largement épanouie respirait la santé et la joie.

Groupées près de la cheminée, une de ces bonnes cheminées de campagne dans lesquelles on pourrait faire rôtir un bœuf tout entier, les femmes, sous la direction de la mère Mathurin, veillaient à la confection de délicieux beignets.

C'est que c'était fête chez le père Mathurin. Le gars, Pierre Mathurin, un beau jeune homme de vingt-cinq ans, bien bâti, comme on dit chez nous, et à la physionomie énergique, était revenu après de longues années d'absence. Et dame, le père et la mère Mathurin étaient tout heureux.

Après son service militaire, Pierre Mathurin, grisé par la grande ville, avait voulu vivre la vie des *pékins* de la ville qu'il avait coudoyés et enviés alors qu'il était revêtu de son uniforme de *trouffion*. Le père Mathurin s'était fâché et avait laissé le fils manger « de la vache enragée » tout son saoul sans jamais lui venir en aide. C'était un bon homme que le père Mathurin, mais il était têtu. Pierre avait enfin été embauché comme manœuvre dans une fabrique de chaussures de Blois, et malgré qu'il y gagnât bien juste de quoi vivre, il ne s'y était pas déplu.

Il n'avait certes pas tardé à se rendre compte de la fragilité des plaisirs qui l'avaient tout d'abord séduit, mais, très intelligent et très observateur, il trouvait une âpre satisfaction à rechercher les causes de la misère ouvrière et à étudier, à militer avec ses compagnons de travail. La lutte syndicale, les discussions du groupe socialiste le passionnaient, et c'est pourquoi il avait tant hésité à revenir au village.

Mais à la fin, le père Mathurin, qui commençait tout de même à se faire vieux, l'avait tant supplié de venir le remplacer qu'il s'était résigné, en bon fils, à quitter ses camarades pour revenir cultiver le petit domaine paternel.

Au fait, n'y aurait-il pas encore, dans ce hameau, de bonne propagande à faire ? Le milieu évidemment était peu favorable, mais Pierre, avec la belle fougue de la jeunesse, ne désespérait point de faire profiter ses concitoyens de l'éducation socialiste dont il avait bénéficié lui-même.

— Après tout, c'est bien juste, s'était-il dit, et je dois bien ça aux camarades qui se sont donné la peine de m'instruire. *Le socialisme ne sera possible que lorsque les paysans, comme les ouvriers, le voudront :* je travaillerai, pour ma modeste part, à ce qu'ils aient cette volonté.

Mais Pierre, ce soir-là, n'en pensait pas si long. Tout à la joie de se retrouver dans sa famille et au milieu de ses camarades d'enfance, il devisait, pour le moment, le plus joyeusement du monde avec Marthe, une gamine qu'il avait connue « haute comme ça » et qu'il retrouvait jeune fille — et belle fille, ce qui ne gâte rien.

— Allons, Pierre, viens donc trinquer avec nous, lui cria Gustave, un jeune vigneron avec qui il avait été à l'école et pour qui il avait la plus grande amitié.

— Bien sûr, qu'on y va. Et avec plaisir, encore.

— Tu sais, observa le père Mathurin, c'est du bon, c'est pas du frelaté comme celui qu'on vous sert dans vos villes.

— Eh ! eh ! père, il y en a aussi du bon à la ville. A la coopérative, on ne nous servait que du pur jus de la treille acheté à des vignerons coopérateurs.

— Qu'est-ce que c'est encore que ça une coopérative ? interrompit la mère Renard, une bien brave femme, mais sèche comme un coup de trique, et à qui la lecture de la *Cloche,* le petit journal bien pensant de l'arrondissement avait inspiré une sainte horreur de toutes les idées nouvelles. Des coopératives, ajouta-t-elle en haussant les épaules, encore une idée de vos socialistes, de vos partageux !

— Voyons, voyons, intervient la mère Mathurin, nous ne sommes pas ici pour parler politique. Goûtez-moi plutôt ces beignets, et dites-moi s'il ne vaut pas mieux être ici, près d'un bon feu, à manger ces gourmandises qu'à être sur la grand' route.

— Ah ça, c'est bien vrai ! dit en riant Jean-Pierre le bûcheron. La neige tombe à plein temps, et ce n'est guère une bonne saison pour les galants qui se font la cour à l'orée des bois.

II

Les Misères de la vie ouvrière

Le chômage et ses conséquences. — Les sans-travail. La fraternité des travailleurs. — Pourquoi les ouvriers obtiennent davantage que les paysans.

On trinqua à la santé de Pierre, et on mangea des beignets que tous s'accordèrent à trouver exquis. Mais la conversation ne s'interrompit pas pour autant, et dame, à la campagne, de quoi parler, sinon du temps qu'il fait et qui importe tant pour les récoltes à venir ?

— Oui, dit le père Mathurin, il fait bigrement froid, et je ne me rappelle pas avoir vu un hiver aussi rigoureux depuis 79.

— Le fait est, répartit Jean-Pierre qui décidément tenait à son idée, le fait est qu'il ne fait pas bon à cette heure à galvauder sur les routes.

— Je plains les pauvres gens qui n'ont rien dans le ventre et qui cherchent une grange ou une étable pour se reposer et se préserver de la froidure.

C'était la belle Marthe qui avait jeté ce cri de pitié. Un long et tendre regard de Pierre fut sa récompense.

— Bah ! dit la mère Renard, des gens qui cherchent du travail et qui prient le bon Dieu de ne pas en trouver !... Des feignants qui crient toujours misère et qui vont boire la goutte dès qu'on leur donne deux sous... Ceux qui sont travailleurs et économes ne sont pas, à cette heure, sur la route...

— Je ne boude pourtant pas à l'ouvrage, expliqua Pierre, et vous savez bien que je ne suis pas un pilier de cabaret. Eh bien, je me suis trouvé, moi aussi, sans travail ; et sans un bon camarade qui a partagé sa croûte avec moi, et qui a réussi à me faire embaucher le lendemain, je ne sais pas si, moi aussi, je ne serais pas devenu un trimardeur.

— Oh ! toi, mon Pierre, ton pain était cuit à la maison. Pourquoi, malheureux enfant, n'es-tu pas revenu plus tôt ? gémit la mère Mathurin.

— J'ai eu tort, c'est vrai, la mère. Mais je voulais voir, je voulais savoir, et maintenant je sais la misère ouvrière. Et puis, si moi, j'avais un refuge certain près de mes bons parents, les autres, eux, en pouvaient-ils dire autant ? Et ceux qui sont mariés ? Quand l'homme n'a pas de travail, et qu'il y a à la maisonnée une femme et des gosses qui pleurent la faim, croyez-vous que ça ne fend pas le cœur de voir de telles misères et qu'on peut avoir le courage, après avoir vu ça, de jeter la pierre aux malheureux et de leur reprocher leur détresse ?

Pierre s'était échauffé un peu en disant cela. Il s'emballait comme là-bas, à la ville, quand il essayait d'amener au syndicat des ouvriers qui résistaient et qui ne comprenaient pas, les pauvres gens, que leur premier devoir était de sauvegarder le pain de leurs enfants.

Tous l'avaient écouté, bouche bée, et maintenant ils méditaient en fortes paroles de fraternité.

— Tout de même, objecta après un moment le père Mathurin, les ouvriers de la ville gagnent bien leur vie. Il y en a qui touchent des cent sous par jour, et même plus. Sais-tu bien, mon gars, qu'ici, malgré qu'on ne manque de rien, les pièces de cent sous sont rares ?

— Il ne faut pas croire tout ce qu'on vous dit sur les salaires des ouvriers. Ils ne gagnent pas tant que les bourgeois veulent bien le dire, et les louis d'or ne sont guère pour eux. Et puis, tandis qu'à la campagne beaucoup logent dans leurs maisons, à la ville il faut payer de gros loyers. Tandis qu'ici chacun récolte ses légumes, et du grain au moins de quoi se faire du pain, les ouvriers, eux, doivent tout acheter. Allez, à la fin de l'année, nous ne sommes pas loin d'être tous aussi gueux les uns que les autres.

— C'est peut-être vrai ce que tu dis là, fit remarquer Louis. N'empêche que l'on fait beaucoup pour les ouvriers, parce qu'ils réclament toujours. Mais nous, paysans, on se désintéresse de notre sort. Les impôts augmentent continuellement, les fermages sont toujours plus élevés, nos machines nous coûtent plus cher, et, ma parole, c'est à désespérer de joindre les deux bouts. Pourquoi donc ne s'occupe-t-on pas de nous en haut lieu ?

— Il y a beaucoup de vrai, Louis, dans ce que tu dis. Les députés se moquent de nous, mais c'est parce que nous ne les contrôlons pas suffisamment, et que nous nous laissons trop volontiers endormir par les belles phrases. Quant aux ouvriers, s'ils obtiennent davantage que les paysans, c'est parce qu'ils ont mieux compris les bienfaits de l'union, de la solidarité, et qu'au lieu de se laisser tondre un par un, ils opposent de plus en plus à leurs maîtres la devise syndicale : Tous pour un, un pour tous.

III

Bien-être au foyer ouvrier
Bien-être au foyer paysan

Où il est démontré que la diminution de la journée de travail des ouvriers a pour conséquence l'augmentation de leurs salaires, et que plus les ouvriers peuvent consommer, mieux les paysans peuvent écouler les produits de la terre.

Pierre réfléchit un moment, puis il continua :

— D'ailleurs quand les ouvriers obtiennent un peu plus de bien-être, un salaire plus élevé, une journée de travail moins longue, il en résulte par contre-coup un peu plus de bien-être aussi pour les cultivateurs et les vignerons...

Pierre n'acheva pas. Tous, sauf M. Martin le maître d'école, qui semblait vivement intéressé, tous l'interrompirent par de véhémentes protestations

— Ah ça, dit enfin Georges, quand le tumulte fut un peu calmé, je voudrais bien savoir ce que ça peut nous faire que les ouvriers gagnent davantage, sinon de nous faire payer plus cher ce dont nous avons besoin à la ville. Et surtout en quoi cela peut-il nous toucher qu'ils travaillent moins longtemps ?

— Oui, dis-le donc, malin, accentua le père Mathurin, en clignant de l'œil gauche, ce qui était chez lui grand signe de moquerie et d'ironie.

— C'est ça, dis-le nous, appuyèrent tous les autres.

— Quand vous voudrez bien vous taire..., dit Pierre, maintenant très maître de lui.

On eût entendu voler une mouche, et Pierre continua :

— C'est bien simple, allez. Tant pis si je suis un peu long : vous avez promis de m'écouter.

Pourquoi les bénéfices des patrons sont-ils si élevés et les salaires ouvriers si faibles ? Parce que la machine remplace le travailleur et lui *coupe les bras*. Là où autrefois il fallait dix ouvriers, il n'en faut plus aujourd'hui que quatre ou cinq. Ce qui fait qu'il y a un grand nombre de sans-travail, de chômeurs. Et les patrons, sachant qu'ils peuvent, du jour au lendemain, faire appel à ces malheureux pour remplacer leurs ouvriers, si ceux-ci faisaient les *mauvaises têtes*, en profitent pour tenir la dragée haute à ceux qui demandent un gain un peu plus élevé, un morceau de pain un peu plus gros.

Or, que faudrait-il pour que les chômeurs soient moins nombreux, et que, par suite, les ouvriers puissent exiger des salaires un peu plus élevés ? Tout simplement que la durée du travail soit réduite. De la sorte, les patrons seraient obligés d'employer un personnel plus nombreux, et la proportion des sans-travail serait moindre. Les patrons, n'ayant plus la certitude de pouvoir facilement remplacer leurs ouvriers seraient mieux disposés à les payer plus convenablement pour les retenir à l'usine...

— Très joli, tout ça, mais tu ne nous dis toujours pas en quoi ça nous concerne, nous cultivateurs.

Et disant cela, le père Mathurin clignait davantage encore de l'œil gauche.

— Patience, père, j'y arrive, si l'ouvrier gagne mieux sa vie, est-ce qu'il ne se nourrira pas un peu mieux ? Est-ce que les quelques sous par jour qu'il recevra en plus ne lui permettront pas de se payer quelques côtelettes supplémentaires et un peu de ce bon vin, que vous aimez tant, mais que vous voudriez bien vendre un peu plus facilement ?

J'ai un ami, un camarade de régiment, qui travaille dans une grande filature du Nord. Il est marié, il a trois enfants et ne gagne pas quarante sous par jour, et c'est le cas de milliers de travailleurs de cette région. Ne croyez-vous pas que si ces ouvriers étaient mieux payés, ils ne commenceraient pas par se mieux nourrir ?

Eh bien ! est-ce que ce n'est pas nous, paysans, qui produisons le pain, la viande, le vin et les légumes dont ils ont besoin et qu'ils voudraient bien avoir ?...

— Bravo, Pierre ! applaudit M. Martin. Voilà qui est bien parlé et bien raisonné...

— C'est vrai, c'est vrai, disaient-ils tous les uns après les autres.

Et on but un bon coup à la santé de Pierre, « un maître gars tout de même ».

IV

L'objection du père Mathurin

Pourquoi y a-t-il des chômeurs à la ville, alors qu'on manque de bras à la campagne.

Cependant le père Mathurin, malgré qu'il fût fier de son fils, n'était pas satisfait d'avoir le dessous, et il ruminait en se grattant l'oreille. Hem... hem... Enfin, il se décida :

— Tu dis qu'il y a dans tes villes beaucoup de chômeurs. Pourquoi ne viennent-ils pas chez nous ? Il y a bien des moments où on les embaucherait...

— Père, tu serais bien embarrassé si on te prenait au mot. Oui, au moment des grands travaux des champs, tu as besoin souvent de journaliers, et tu t'irrites de ne pouvoir en trouver. Mais pourrais-tu les occuper à l'année ?

— Ah dame, non, bien sûr ! Dans le temps, oui, alors qu'on battait au fléau l'hiver dans les granges. Mais maintenant, avec toutes les machines nouvelles, qu'est-ce qu'on ferait des journaliers pendant la mauvaise saison ?

— Alors faudrait-il donc qu'ils crèvent de faim toute l'année pour attendre les quelques mois de travail de l'été ? Ils sont tous partis pour la ville, les journaliers qui étaient ici autrefois. Le malheur est qu'ils n'en sont pas, pour autant, quittes avec le chômage et la misère.

V

Ça a toujours été comme ça

L'histoire nous montre les progrès incessants réalisés par l'humanité : il n'y a donc pas lieu de croire que ce sera toujours comme ça. — Un vieux bûcheron démontre à la mère Renard que ce ne sont pas les riches qui font vivre les pauvres, mais que, bien au contraire, ce sont les pauvres qui font la fortune des riches.

Le père Mathurin était encore « cloué. » On rit un peu de sa mine déconfite, mais la mère Mathurin vint à son secours :

— Vous avez beau dire, allez, ça sera comme ça tant que le monde sera monde. Il y aura toujours des riches, il y aura toujours des pauvres...

— Ne dites pas ça, mère Mathurin, interrompit M. Martin. Il suffit d'ouvrir un livre d'histoire pour s'apercevoir que ça n'a pas toujours été comme ça, et que bien au contraire l'humanité a constamment évolué. Chaque siècle, chaque année nous apportent des progrès nouveaux.

Il y avait autrefois des esclaves qui appartenaient à leurs maîtres et que ceux-ci pouvaient faire travailler ou vendre à leur gré : l'esclavage a disparu.

Il y avait en France, avant la Révolution, des serfs, des hommes attachés à la terre de leurs seigneurs et qui n'étaient pas libres de chercher un autre travail : le servage a disparu.

Pourquoi le salariat, qui est encore une forme de l'exploitation de l'homme par l'homme, ne disparaîtrait-il pas à son tour ?

Ne nions pas le progrès : il n'y a que l'espoir d'une société meilleure qui rende la vie supportable...

Pierre, naturellement, applaudit beaucoup M. Martin, mais celui-ci avait peut-être employé des mots trop savants, tous n'avaient pas bien compris, et la mère Renard dit en matière de conclusion :

— Tout de même, que deviendraient les pauvres, si les riches ne les faisaient pas travailler ?

Du coup, Jean-Pierre, le vieux bûcheron, se fâcha presque :

— Comment ? ce sont les pauvres, à cette heure, qui ont besoin des riches ? Eh bien ! vos riches, *comment seraient-ils devenus riches, si les pauvres n'avaient pas travaillé pour eux ?*

Vous les trouvez utiles parce qu'ils sont inutiles ?

Et vous estimez que, de ne rien faire sinon de

bien manger, de bien boire et de se payer tous les plaisirs, c'est ça qui les rend indispensables ?

Et nous devons nous trouver heureux, nous, d'être nourris maigrement pour leur procurer le bien-être et le luxe ?

De quelle utilité serait donc au riche sa fortune si les travailleurs ne produisaient plus ce qui est nécessaire à son existence ?

Ceux qui sont indispensables, ce sont ceux qui produisent tout ce dont les hommes ont besoin pour se nourrir, pour se vêtir, pour s'abriter, pour se distraire ; ce ne sont certainement pas ceux qui ne font rien comme vos riches, mère Renard.

Vous devriez le savoir pourtant : *ce ne sont pas les riches qui font vivre les pauvres, c'est le travail des pauvres qui fait la fortune des riches.*

Je ne suis pas socialiste, je ne suis pas un *partageux,* mais il faut tout de même dire ce qui est.

La mère Renard dodelina de la tête et ne répliqua point.

Jamais elle n'aurait soupçonné que des messieurs bien habillés et roulant dans de belles calèches étaient moins utiles à l'humanité qu'un mitron, un galeterre, ou un fagoteux.

VI

A bas les partageux

Les adversaires du socialisme mentent quand ils nous accusent de vouloir le partage des biens. — Les véritables partageux, ce sont ceux qui, sans rien faire, partagent avec l'ouvrier et le paysan le produit du travail de ceux-ci en gardant pour eux-mêmes la part du lion.

Pierre cependant releva les derniers mots du bûcheron.

— Pourquoi parlez-vous de *partageux ?* Vous savez bien qu'il n'y en a pas...

— Comment ? s'exclamèrent la majeure partie des hôtes du père Mathurin. Pas de partageux ? Eh bien, et les socialistes ?

— Les socialistes ne sont pas des partageux !

— Pourtant, le journal ne les appelle jamais que comme çà...

— Cela prouve tout simplement que le journaliste est un menteur, car *jamais dans aucun écrit, dans aucun discours le Parti socialiste n'a prêché le partage de la propriété ou de la fortune publique.*

Quel homme raisonnable d'ailleurs ne se rendrait pas immédiatement compte que, les qualités d'intelligence, de sobriété, de travail et d'économie n'étant point les mêmes chez tous, l'égalité cesserait dès le lendemain même du *partage ?*

Comment même pourrait-on imaginer le partage d'une mine, d'un chemin de fer ou d'une usine ? La machine n'a de valeur que comme instrument de travail collectif : divisée, fractionnée entre les ouvriers, elle ne serait plus que de la ferraille inutile.

Nos adversaires, d'ailleurs, le savent bien, et ils se jouent de votre crédulité quand ils accusent les socialistes de rêver cet absurde partage.

La vérité est qu'ils veulent masquer le partage qui existe aujourd'hui et que, sans vous en douter peut-être, Jean-Pierre, vous signaliez fort bien tout à l'heure : *le partage entre le capital et le travail, le partage entre le jouisseur fainéant et le travailleur exploité.* Partageux ? nous disent-ils ? Mais les partageux, ce sont eux.

Les *partageux,* ce sont les spéculateurs et les agioteurs qui font la hausse ou la baisse sur les cours des blés, des vins, des métaux, etc..., afin de prélever sur le producteur le plus lourd impôt possible.

Les *partageux,* ce sont les actionnaires des grandes compagnies financières, industrielles ou commerciales qui prélèvent des bénéfices scandaleux et partagent en se réservant la plus belle part sans avoir coopéré au travail.

Les *partageux,* ce sont les intermédiaires qui volent effrontément producteurs et consommateurs, ne laissant aux travailleurs des campagnes que la ressource de l'hypothèse, et aux ouvriers le bureau de bienfaisance.

Les *partageux,* en un mot, ce sont tous les seigneurs de la Féodalité capitaliste qui dérobent à l'ouvrier et au paysan le produit de son travail.

Et de ce partage-là, nous ne voulons plus, tandis qu'eux, au contraire, en veulent le maintien. Et c'est nous seuls, nous les socialistes, et non pas eux, qui sommes en droit de crier : *A bas les partageux !*

VII

Travailleurs, instruisez-vous

A propos des livres scolaires. — Les journaux et les brochures qu'il faut lire.

Pierre Mathurin avait parlé avec une si visible émotion que de toutes parts, les applaudissements éclatèrent, comme dans une réunion publique.

Le père Mathurin, définitivement conquis ne sut que balbutier :

— C'est bien, mon gars, c'est bien...

Une larme perlait à la paupière de la mère Mathurin. Elle était rudement fière de son fils, la bonne mère Mathurin, et naïve un peu, elle confia à Marthe :

— Il parle aussi bien qu'un avocat de la ville...

— Mais il ne dit point de menteries, lui, observa Georges qui avait entendu la réflexion.

Le petit Jacques, un enfant de douze ans, auquel nul n'avait pris garde jusque là, tant il avait été sage dans son coin à manger ses beignets et à écouter Pierre, s'approcha doucement :

— Dites, Monsieur Pierre, voudriez-vous demander à papa et maman de m'amener souvent ici avec eux ?

— Pour manger des beignets ? interrogea malicieusement la maman.

— Non, mais pour écouter ce que dit M. Pierre, car dans nos livres d'école, on ne nous dit pas la vérité, comme il l'a dite ce soir...

M. Martin, le maître d'école, intervint :

— C'est bien mon petit homme, de chercher à t'instruire, et tu as raison de vouloir écouter M. Pierre : il ne pourra que te donner de bonnes leçons qui feront de toi un bon citoyen, un travailleur ardent à la besogne, mais ardent aussi à réclamer ses droits.

Dans nos écoles, ajouta M. Martin, en s'adressant aux parents, nous sommes prisonniers de nos programmes. Nous nous en évadons, il est vrai, le plus souvent qu'il nous est possible, mais les livres scolaires que nous sommes obligés de remettre entre les mains des enfants sont tous conçus dans un esprit défavorable aux revendications des travailleurs, et chantent d'un bout à l'autre les louanges du régime d'oppression capitaliste que nous subissons.

— C'est vrai, dit Pierre, on a chassé Dieu des

écoles, mais au dogme religieux a succédé le culte du Veau d'Or, de la pièce de Cent sous. La morale bourgeoise, la morale que nos dirigeants voudraient faire enseigner à nos enfants, elle tient en une formule : « Enrichissez-vous : vous serez honorés et considérés. Si vous ne le pouvez, résignez-vous à votre condition de travailleurs, c'est le secret du bonheur. » Et imbus de ces idées déprimantes, des milliers de travailleurs trouvent tout naturel que des fainéants jouissent du bien-être et du luxe créé par eux, et c'est en acclamant la Patrie qu'ils vont, dans quelque colonie lointaine ou sur quelque frontière se faire trouer la peau pour la défense des intérêts financiers de leurs oppresseurs.

Heureusement, de plus en plus, nos instituteurs, et M. Martin est du nombre, se refusent à comprendre ainsi leur rôle d'éducateurs : ils enseignent la Liberté et les droits du Travail et ils concourent ainsi puissamment à la libération prochaine des esclaves de l'usine et des serfs de la terre.

— Je vous remercie bien vivement de l'hommage que vous nous rendez, répondit M. Martin, mais il est tout naturel que, enfants du Peuple fils d'ouvriers ou de paysans, nous travaillions à l'émancipation des nôtres. Seulement, après l'école, il y a le journal, et vous savez, mieux que moi, Pierre, comment les capitalistes, les riches, les dirigeants....

— ...Qui sont aussi les digérants...

— ...se servent du journal pour répandre leurs

mensonges et duper les travailleurs en les égarant sur leurs véritables intérêts.

— La vérité finira par l'emporter sur le mensonge. Donnons-nous passionnément à cette besogne et nous triompherons, car il y a une presse socialiste : faisons-la connaître, faisons-la aimer.

— Oui, oui, dit vivement Georges, moi ausi je voudrais, comme toi, connaître nos droits de travailleurs. Dis-nous quels journax il faut lire, et nous ne lirons plus que ceux-là.

— Ne t'emballe pas, dit Pierre en souriant, et surtout ne me crois pas sur parole, ni moi, ni aucun autre. Je suis abonné au *Progrès de Loir-et-Cher*, le journal des travailleurs de notre département : je te le communiquerai et tu feras toi-même la comparaison avec les autres journaux locaux. Ce n'est que lorsque tu auras vu où sont défendus tes intérêts que tu te prononceras en connaissance de cause.

— Moi, dit M. Martin, je reçois chaque jour l'*Humanité* et je vous le prêterai bien volontiers. Vous verrez comme il est intéressant et vivant, notre journal, et comme il ne ménage point leurs vérités aux bourgeois et aux ministres.

— Cependant, ajouta Pierre, si tu veux t'instruire plus complètement sur le socialisme, tu liras avec fruit les quelques brochures que j'ai apportées dans ma valise, et par la suite, nous pourrons en demander d'autres à la *Bibliothèque du Parti Socialiste, 16, rue de la Corderie, à Paris*...

VIII

Les promesses de Pierre Mathurin

— Et pourquoi ne nous instruirais-tu pas toi-même ? dit Gustave.

— Bien dit, mes gars, approuva le père Mathurin. Moi, je ne vois plus bien clair pour lire, et il faut dire aussi je ne comprends pas toujours bien ce qu'il y a sur les livres. Eh puis, vois-tu Pierre, s'il y a quelque chose qui me contrarie, je pourrai te le dire, tandis que ton livre, il ne me répondrait pas.

Pierre tenta de se récuser, disant qu'il n'était nullement préparé à ce rôle de professeur et qu'il avait grand'peur de rester souvent coi.

— Ta, ta, ta... Mon fieu, faut pas flancher, dit le père Mathurin en se frottant les mains de contentement. Tu nous as fait ce soir l'école comme à des gamins, maintenant je veux savoir ce que c'est que ton socialisme dont tu as plein la bouche. Il ne suffit pas de nous dire que vous n'êtes pas des partageux ; tu nous expliqueras ce que vous voulez ou bien nous croirons tous que vous êtes un tas de farceurs.

— Bravo, bravo, père Mathurin.

— Oui dà, dit Pierre. Mais savez-vous bien, mes amis, que le socialisme, ça ne s'explique pas comme ça en cinq minutes entre la poire et le fromage ?

— Tu prendras ton temps.

— Pas aujourd'hui, toujours, mes enfants, dit la mère Mathurin. Il est minuit ; il est grand temps d'aller au lit.

— Dimanche prochain après-midi, chez nous, proposa Gustave. On mangera des châtaignes.

— Oui, mais vous ne m'en voudrez pas si je suis souvent embarrassé. Je ne suis pas un orateur, moi.

— Ne t'inquiète pas. On discutera : ça te permettra de reprendre des idées et ce sera plus intéressant.

— Alors, termina Pierre, c'est entendu, je vous dirai dimanche prochain *pourquoi il faut être socialiste,* c'est-à-dire *comment l'évolution économique nous pousse irrésistiblement vers le socialisme.*

— Entendu, dit le petit Jacques battant des mains.

Tout le monde sourit du mot du bambin qui, lui aussi — signe des temps ! — voulait faire son éducation socialiste.

Et, après s'être donné rendez-vous au dimanche suivant, chacun s'en fut chez soi...

RÉSUMÉ

Paysans et ouvriers sont-ils ennemis ?

1. — Non, l'ouvrier et le paysan ne doivent pas se considérer comme des ennemis.

Ils sont, l'un et l'autre, des travailleurs et ont par conséquent des intérêts identiques.

Il est clair, en effet, que si l'ouvrier gagne des salaires élevés, il se nourrit mieux et que, par suite, le paysan trouve à la ville un écoulement plus facile de ses produits (beurre, viande, légumes, etc.).

Donc, le paysan ne doit pas être jaloux de l'ouvrier, lorsque celui-ci obtient satisfaction à ses revendications, puisque *plus de bien-être au foyer ouvrier procure plus du bien-être au foyer paysan.*

2. — Ceux qui s'efforcent d'opposer les ouvriers aux paysans sont les ennemis des uns et des autres. Ils veulent *diviser pour régner*. Ces ennemis de la classe ouvrière et paysanne sont les capitalistes, autrement dit les riches, parasites fainéants qui, sans rien faire, vivent du produit du travail... des autres.

Car *il est faux que ce soient les riches qui fassent vivre les pauvres :* **ce sont au contraire les travailleurs qui font la fortune des riches.**

D'ailleurs, de quelle utilité serait donc au riche sa fortune, si les travailleurs ne produisaient plus ce qui est nécessaire à son existence ?

Ceux qui sont **utiles** *à l'humanité, ce sont ceux qui, ouvriers, paysans, travailleurs manuels ou intellectuels, produisent ce dont les hommes ont besoin pour se nourrir, se vêtir, s'abriter, s'instruire et se distraire.* Honneur au travail !

3. — Les ennemis des ouvriers et des paysans prétendent que les socialistes sont des *partageux*.

C'est un mensonge. *Il n'y a pas un seul orateur socialiste, pas un seul journal socialiste, pas un seul écrit socialiste,* **pas un seul,** *qui ait jamais recommandé le partage des biens et des terres.*

Les véritables *partageux,* ce sont les capitalistes qui n'ont d'autre peine que celle de détacher les coupons de leurs actions, et qui *partagent* avec les ouvriers en laissant à ceux-ci la fatigue et la misère, et en gardant par eux-mêmes la bonne « galette ».

4. — Les ennemis des ouvriers et des paysans leur racontent encore, pour les empêcher de réclamer justice, que « ça a toujours été comme ça » et que par conséquent « ça sera toujours comme ça... ».

C'est encore un mensonge. Il suffit d'ouvrir un livre d'histoire pour se rendre compte, au contraire, que l'humanité est en perpétuelle évolution, en continuelle transformation, et se se rapproche de plus en plus de la vraie Liberté, de la vraie Justice. L'*esclavage* de l'antiquité, le *servage* du Moyen-Age ont disparu : de même disparaîtra le *salariat* qui est une autre forme de l'exploitation de l'homme par l'homme.

5. — C'est à l'*abolition du salariat* que concourent tous les efforts du *Parti socialiste*.

6. — Pour aboutir à ce résultat, il faut que les travailleurs n'accordent plus leur confiance aux mensonges intéressés de leurs ennemis : les exploiteurs.

Il faut qu'ils s'instruisent dans les *journaux de la classe ouvrière et paysanne*, dans les brochures et livres si possible, de leurs droits et de leurs devoirs.

Et il faut aussi, il faut surtout qu'ils se sentent solidaires les uns des autres : **la fraternité entre ouvriers et paysans est le premier devoir des travailleurs.**

LECTURE

VAGABOND

Fort et courageux, c'était un bon ouvrier et ses camarades le citaient comme un joyeux compagnon, ne boudant ni à l'ouvrage, ni au plaisir. Seulement il avait, comme on dit, la tête près du bonnet et un jour que son contremaître lui avait fait une observation insuffisamment polie, il eut une repartie un peu vive qui lui valut un congé immédiat. Il partit « sur le trimard »...

Tout d'abord, il chercha consciencieusement de l'ouvrage, ne demandant qu'à gagner son pain à la sueur de son front. Mais partout la machine avait pris la place du travailleur, et nulle part on n'avait besoin de bras supplémentaires.

Cependant, plusieurs fois, voulant exploiter sa situation, certains lui proposèrent de travailler à un tarif un peu moins élevé que les camarades : qu'importaient les autres ? C'était le pain assuré pour lui ! Indigné, il refusa.

Il refusa, et maudissant sa malchance, repartit sur la grand'route. On l'employa dans une ferme pendant les travaux de la moisson, mais, habitué à l'usine, il trouvait pénibles ces durs travaux sous le chaud soleil de juillet, et c'est presque avec joie qu'il reprit sa vie errante.

Il avait pris goût d'ailleurs à cette existence. Il

n'avait pas beaucoup de sous en poche et déjeunait souvent d'un morceau de pain sec, mais il était libre, libre de marcher quand il se sentait dispos, libre de s'arrêter quand il lui plaisait, libre de contempler et d'examiner dans ses moindres détails la radieuse nature, toute verdoyante et tout embaumée de parfums enchanteurs qu'il comparait aux relents nauséabonds de l'atelier. Le dégoût de son ancienne vie lui montait peu à peu à la gorge : pourrait-il jamais redevenir le travailleur qu'il avait été ?

❦ ❦ ❦

Un jour, qu'il s'était endormi à l'ombre protectrice d'une haie, dans un chemin creux tout semé de gazon et de fleurs, un gendarme le réveilla brutalement et lui demanda ses papiers. Il n'avait que quatre sous en poche et n'avait pas travaillé depuis plus d'un mois. Son compte était bon, et il fut condamné à huit jours de prison.

La prison lui parut confortable, et lorsque vint la bise, il trouva tout naturel de casser les carreaux d'un réverbère pour s'y faire héberger à nouveau...

C'était un vagabond.

❦ ❦ ❦

Un vagabond ? C'est-à-dire un individu vivant en marge de la société, sans famille, sans amis, condamné, comme le cheval de cirque, à tourner perpétuellement, à vivre cette vie de misères sans autre issue que la prison ou le suicide.

Vagabond, maudit des gens « bien pensants », méprisé de ceux qui lui tendent une aumône pour avoir la satisfaction de se croire bons et généreux, traité même parfois de « fainéant » par des travailleurs, il s'en va, pensif et solitaire, se demandant pourquoi il est venu au monde, puisqu'on lui refuse sa place au soleil.

Puis l'œil devient terne et la pensée s'enfuit. Le vagabond maintenant tend la main sans vergogne. Lorsqu'il a quelques sous, il s'enivre au cabaret, trouvant dans l'ivresse une joie nouvelle, une raison de vivre. Les privations, l'alcool, l'ont affaibli ; le moindre travail le fatigue. Et il continue sa misérable existence, traînant ses guenilles sur tous les chemins, semant ses poux dans les prisons.

L'homme en lui a disparu : il essaie toutes les rebuffades, courbe la tête sous tous les mépris et demande humblement à Monsieur le Président du Tribunal de vouloir bien lui être indulgent.

C'est une loque humaine.

* * *

Pas toujours cependant.

Un jour, devant le tribunal correctionnel d'Auxerre, dont je suivais les audiences comme chroniqueur judiciaire, parmi le lamentable défilé des vagabonds, je vis un révolté.

Grand, bien taillé et paraissant vigoureux malgré ses cinquante ans, François Bretin, né au Creusot, avait été pris en état de vagabondage à Vermenton. Les antécédents étant bons, le délit — délit au point de vue juridique bien entendu — était peu grave ; mais l'intelligence de Bretin n'avait pas encore sombré, et l'on sentait chez lui un dégoût, une lassitude, que n'étaient plus capables d'éprouver ses co-détenus.

Il répondait vite, pour avoir plus tôt fini sans doute, à l'interrogatoire du magistrat. On devinait, on comprenait nettement qu'il se demandait de quel droit, après l'avoir laissé manquer de pain, on l'assassinait de questions oiseuses.

— Vous n'aviez pas dit ça au gendarme ? fait un moment observer le président.

— Je lui ai dit ce que j'ai voulu lui dire.

— Parce que ça ne vous plaisait pas de lui en dire davantage ?

— Parce que... parce que les gendarmes sont tous des vaches... et vous avec !

Les résignés s'inquiétèrent de tant d'audace à l'égard d'un monsieur qui avait une robe et des peaux de lapin sur les épaules. Le public, lui, frémit de pitié pour le pauvre bougre, en pensant à ce que ce mot malencontreux allait lui coûter.

— Qu'avez-vous à dire pour votre défense ? interrogea le président.

Bretin jeta un regard douloureux sur le tribunal et, lentement haussa les épaules.

— Qu'avez-vous à dire sur l'application de la peine ?

D'un ton sec, Bretin répondit :

— Ce que j'avais à dire, je l'ai dit !

— Vous persistez à nouveau. Vous ne manifestez donc aucun repentir ? Vous n'ajoutez rien ?

— J'ajoute que vous me faites.....

Et, brisé sans doute par cet effort de volonté, Bretin, le visage douloureusement contracté, les larmes aux yeux, retourna s'asseoir au banc des accusés.

Le président, la face congestionnée, prononça la condamnation : quatre mois de prison pour vagabondage, deux ans de prison pour outrage aux magistrats.

❧ ❧ ❧

Outrage aux magistrats ! Et pourtant ce n'était ni aux gendarmes qui l'avaient arrêté, ni aux juges qui le condamnaient que s'adressait Bretin. Ces représentants de la Force et du Droit (!), il ne les connaissait pas, il ne les avait jamais vus : comment eût-il pu les haïr ?

Non, ce qu'il voyait en eux, c'étaient les mandataires de la Société qui n'avait rien fait pour lui, et ne lui avait laissé qu'une liberté : la liberté de mourir de faim ou d'aller en prison. Le juge et le gendarme, c'étaient les espèces visibles, tangibles, sous lesquelles lui apparaissait la Société.

Etait-ce sa faute à lui, si, au lieu de se traduire par une main secourable, cette Société se traduisait par la main brutale qui empoigne et qui incarcère ?

Ah ! sans doute, les gens prudes trouveront grossières ses expressions. Un poète se fût exprimé en vers de douze pieds, un orateur eût trouvé des périodes redondantes, un écrivain eût accouché de phrases bien senties. Lui, qui n'était pas académicien, avait trouvé dans son vocabulaire rude des mots qui ne sont pas employés dans la langue classique. Et après ?... n'est-ce pas d'ailleurs encore la faute de la Société qui ne lui avait pas donné l'instruction nécessaire pour la stigmatiser en termes choisis ?

Et puis, lorsqu'on se sent acculé, est-ce qu'on choisit ses mots ?

A Waterloo, aux Anglais qui le sommaient de se rendre, Cambronne répondit simplement : M.....

Eh bien, ce vagabond, réduit à errer par monts et par vaux, la Société, par l'organe d'un de ses magistrats, le sommait d'avoir des égards pour elle ! Sa réponse fut aussi énergique que celle de Cambronne.

Pouvons-nous le blâmer, parce que la misère ne l'avait pas châtré, parce qu'il était resté un homme ?

* * *

Certes, le geste était inutile, et le pauvre Bretin le paya cher. Mais puisse-t-il du moins enseigner aux heureux ce qui se cache dans le cœur des misérables que la Société, véritable marâtre, contraint à mendier leur pain ! Puisse-t-il aussi faire comprendre à tous les travailleurs la nécessité de faire tous leurs efforts pour aboutir, enfin, à édifier la vraie République, la République où la charité dégradante et l'assistance avilissante seront remplacées par la solidarité de tous, la République où il yaura place pour tous au travail, et place aussi pour tous à la table égalitaire.....

Serait-il donc si difficile d'établir une Société où tous, au lieu de s'entredéchirer, participeraient à l'œuvre commune, et où tous pourraient jouir des fruits de cette œuvre commune ? de faire, en un mot, une Société sans parias et sans privilégiés, une Société sans vagabonds... et sans magistrats ?

Cela se fera, cela sera lorsque les travailleurs le voudront.

Jean LORRIS.

www.ingramcontent.com/pod-product-compliance
Lightning Source LLC
LaVergne TN
LVHW012018160826
845678LV00002B/900

* 9 7 8 2 3 2 9 6 6 0 1 3 4 *